놀면서 좋아지는 IQ와 AQ

컬러 로직아트

초급

시간과공간사

컬러 네모로직 기본 규칙

- 가로 세로에 있는 숫자의 크기는 색칠해야 하는 칸의 수를 의미합니다.
- 숫자의 색깔과 동일한 색을 칠해야 합니다.
- 같은 색의 숫자는 중간에 한 칸 이상 띄어야 합니다.
- 서로 색이 다른 숫자의 경우 칸을 띄지 않아도 됩니다.
  (열과 행의 숫자 조합에 따라 칸을 띄어야 할 수도 있습니다.)

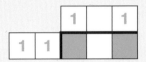

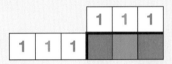

1. d행에 있는 3은 해당 가로줄에 하늘색으로 세 칸이 연속해서 칠해져야 한다는 뜻입니다.
2. b열의 1, 1은 서로 같은 색이기 때문에 중간에 한 칸 이상 띄어져 있습니다.
3. 하지만 f행의 1, 1, 1은 서로 다른 색이기 때문에 칸을 띄우지 않아도 됩니다.
4. e행의 1, 1은 열에 있는 숫자와의 조합에 따라 한 칸 이상 띄어져 있습니다.

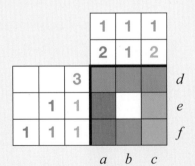

컬러 로직아트 푸는 방법 꿀팁!

#1 한 가지 경우의 수만 존재하는 경우

1. 주어진 칸의 수와 색칠되어야 하는 칸의 수가 같을 때

주어진 칸과 색칠해야 하는 칸의 수가 같을 때는
모든 칸을 색칠하는 한 가지 경우의 수만 존재합니다. (5=5)

숫자의 색깔이 서로 다를 경우에는 칸을 띄우지 않아도 되기 때문에
한 가지 경우의 수만 존재합니다. (3+2=5)

2. 색칠되어야 하는 칸의 수와 빈칸의 합이 전체 칸의 수와 같을 때

서로 같은 색의 숫자는 중간에 한 칸 이상의 빈칸이 있어야 합니다.
왼쪽부터 세 칸을 연속으로 칠하고 한 칸을 띄운 후
한 칸을 더 칠하면 완성됩니다. (3+1+1=5)

서로 같은 색의 숫자 사이에는 빈칸이 있고
다른 색의 숫자 사이에는 빈칸이 없습니다. (1+1+2+1=5)

주어진 다섯 개의 빈칸에 연속해서 세 칸을 색칠할 수 있는 경우의 수는 아래의 A, B, C 세 가지가 있습니다.

이 셋 중에 무엇이 답이 되더라도 각 경우의 수의 교집합에 해당되는 가운데 한 칸이 색칠된다는 것은 확실합니다.
교집합 부분을 색칠하고 다른 숫자들을 풀어보세요.
방금 색칠된 부분이 다른 칸의 숫자에 힌트를 줄 수도 있습니다.
단, 아직 해당 칸의 문제가 풀린 것은 아니기 때문에 3에 / 표시를 하거나 빈칸에 X 표시를 하지 않습니다.

교집합 부분을 쉽게 찾는 방법!
양 끝에서 주어진 숫자만큼 선을 그어보세요.
겹쳐지는 칸이 바로 교집합 부분입니다!

숫자의 색이 서로 다른 때는 오른쪽 A, B, C와 같은 경우의 수가 있습니다.

이 경우 역시 교집합 부분을 먼저 색칠하고 다른 숫자들을 풀어보세요.

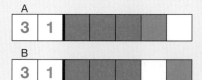

#3 공집합

연속으로 세 개의 칸을 칠해야 하는데 이미 두 칸이 칠해져 있습니다. 만약 맨 오른쪽 칸을 칠하게 되면 세 칸이 연속으로 칠해지지 않습니다. 그러므로 해당 칸은 칠해질 수 없고 답은 A, B 둘 중 하나가 됩니다.

A와 B 둘 중 무엇이 정답인지 아직 알 수 없습니다.
하지만 오른쪽 맨 끝에 있는 칸이 색칠되지 않는 것은 확실합니다.
이럴 땐 오른쪽 칸에 X 표지를 해두고 문제를 풀어보세요.
이 부분이 다른 칸의 숫자에 힌트를 줄 수도 있습니다.

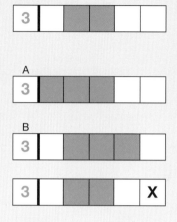

이 경우는 가운데 한 칸이 이미 색칠되어 있습니다.

답은 A, B 둘 중 하나이고 가장 오른쪽 두 칸이
색칠되지 않는 것이 확실합니다.
해당 칸에 X 표시를 해두고 문제를 풀어보세요.

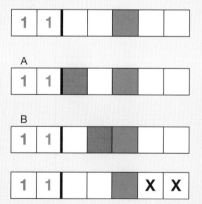

컬러 로직아트 푸는 방법!
한 번만 따라 하면 끝~!

퍼즐의 크기는 10×10 이고

난이도는 ★☆☆이며

네 가지 색이 필요합니다.

				★☆☆			1 2 2	2 2	1 2 3 1	10	1 1 4 2	8 1	3 2 1	4	5	5 1	
			3														k
		2	2														l
3	1	1	2														m
		2	4														n
		3	1														o
		3	2														p
			8														q
		2	5														r
	2	3	3														s
	3	6	1														t

● ● ● ●   a b c d e f g h i j

항상 가장 큰 숫자부터 색칠을 하세요.

*d*열의 경우 비워져 있는 칸의 수와
칠해야 하는 숫자의 크기가 같기 때문에
한번에 모든 칸이 칠해집니다.

*f*열의 경우는 여덟 칸과 한 칸을 칠하고 사이에 한 칸 이상을 띄어야 하는데
빈칸의 수는 열 개이기 때문에 오른쪽과 같은 한 가지 경우의 수만 존재합니다.

*d*열과 *f*열에 해당 숫자의 색깔로 숫자의 크기만큼 색칠합니다.
추후의 혼동을 피하기 위해 숫자 10, 8, 1에 / 표시를 하고
*f*열에 있는 빈칸은 이제 색칠될 수 없다는 의미로 X 표시를 합니다.

왼쪽 퍼즐 (열 힌트)

행 힌트	a	b	c	d	e	f	g	h	i	j	
					1	1					
					2						
					1	1	3				
	1	2	3		4	8	2			5	
	2	2	1	10	2	1	1	4	5	1	
3											*k*
2 2											*l*
3 1 **1** 2											*m*
2 4											*n*
3 1											*o*
3 2											*p*
8											*q*
2 5											*r*
2 3 3						X					*s*
3 6 1											*t*

오른쪽 퍼즐 (열 힌트) — 10, 8, 1에 / 표시, *f*열 빈칸에 X 표시

행 힌트	a	b	c	d	e	f	g	h	i	j	
					1	1					
					2						
					1	1	3				
	1	2	3		4	8	2			5	
	2	2	1	10	2	1	1	4	5	1	
3											*k*
2 2											*l*
3 1 **1** 2											*m*
2 4											*n*
3 1											*o*
3 2											*p*
8											*q*
2 5											*r*
2 3 3						X					*s*
3 6 1											*t*

t행에 있는 숫자의 합은 해당 행의 전체 빈칸 수와 같습니다.

그러므로 빈칸이 있을 수 없습니다.

각 숫자의 크기와 색깔에 따라 해당 열을 색칠합니다.

t행의 3, 6, 1에 / 표시를 합니다.

또 다른 큰 숫자들을 찾아보겠습니다.

q행은 왼쪽 또는 오른쪽에서 칠하게 됐을 때 겹쳐지는 부분이 있습니다.

아직 어떤 것이 답인지 알 수 없으나

이 겹쳐지는 부분이 칠해진다는 것은 확실합니다.

일단 이 교집합 부분을 먼저 칠하고 나머지 문제를 풉니다.

아직 문제가 풀리지 않았으니 해당 숫자에 / 표시를 하거나 빈칸에 X 표시를 하지 않습니다.

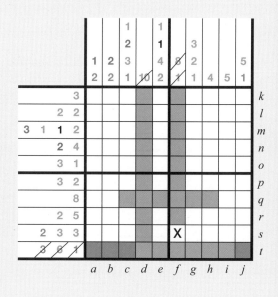

3 *a*열과 *b*열을 살펴보겠습니다.

이 두 열 모두 파란색으로 두 칸을 칠해야 하는데 각각 이미 한 칸씩 칠해져 있습니다.

파란색이 연속으로 칠해질 수 있는 방향은 위쪽뿐이므로 위에 한 칸씩 파란색을 칠하여 완성합니다.

*a*열과 *b*열의 **2**에 / 표시를 합니다.

같은 이유로 *e*열의 **2**, *h*열의 **4**, *i*열의 **5** 또한 색칠됩니다. *g*열의 **1**은 이미 색칠이 되어있기 때문에 더 이상 색칠을 하지 않습니다. 각각의 숫자에 / 표시를 합니다.

*e*열과 *g*열의 경우 방금 칠해진 부분 위에 같은 색으로 색칠되어야 합니다. 서로 같은 색은 중간에 한 칸이상 떨어져 있어야 하기 때문에 칠해진 부분 바로 위에 한 칸씩 X 표시를 합니다.

*h*열과 *i*열의 경우 이제 더 이상 칠해야 하는 부분이 없습니다.

그러므로 각 열의 나머지 윗부분 전체에 X 표시를 합니다.

9

4 k행은 이미 색칠된 두 칸 사이를 채워 넣어 완성합니다.
그 외의 칸들을 칠하면 세 칸이 연속해서 칠해지지 않습니다.
k열의 3에 / 표시를 하고 나머지 빈칸에 X 표시를 합니다.

p행의 가운데 부분 역시 같은 이유로 이미 색칠된 두 칸 사이를 채워 넣어 3을 완성합니다.
p행의 2는 이미 칠해져 있는 한 칸의 오른쪽 칸을 채워 넣어 완성합니다. 나머지 빈칸에는 X 표시를 합니다.

r행은 두 칸과 다섯 칸이 색칠되어야 하는데 X 표시 좌우에 색칠된 칸들을 기준으로 왼쪽에는 두 칸, 오른쪽에는 다섯 칸을 연속으로 색칠하여 완성합니다. 2와 5에 / 표시를 하고 남은 빈칸에 X 표시를 합니다.

s행은 이제 남아 있는 칸들을 채워 넣음으로 비교적 간단히 완성됩니다. 해당 행의 숫자에 / 표시를 합니다.

이로 인해 함께 완성이 된 c열의 1, 3과 g열의 2, j열의 1에도 / 표시를 합니다.

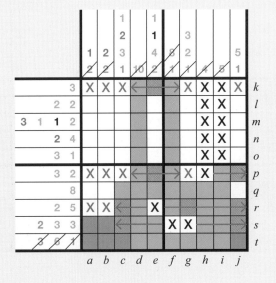
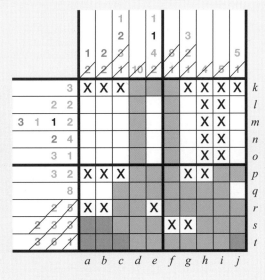

10

5 방금 색칠된 *k*행으로 인해 *e*열의 1 역시 완성되었습니다. 1에 / 표시를 합니다.

*e*열의 4는 초록색으로 네 칸이 연속해서 칠해져야 하는데 이미 색칠된 두 칸 아래쪽에 X 표시가 있습니다.
그 위에 두 칸을 더 칠하여 4를 완성하고 4에 / 표시를 합니다.

*g*열은 네 개의 빈칸이 있고 그중 세 칸을 채워 넣어야 합니다.
아직 무엇이 정답인지 알 수 없으나 위쪽 또는 아래쪽부터 세 칸이 연속해서 칠해졌을 때 겹쳐지는 부분이
있습니다.
이 두 칸의 교집합을 먼저 칠해둡니다.

*j*열은 이미 칠해져 있는 세 칸을 포함해서 다섯 칸을 칠하는 방법은 한 가지밖에 없습니다. *j*열에 회색 부분
으로 표시된 부분을 초록색으로 칠하고 해당 열의 5에 / 표시를 합니다. 남은 빈칸은 X 표시를 합니다.

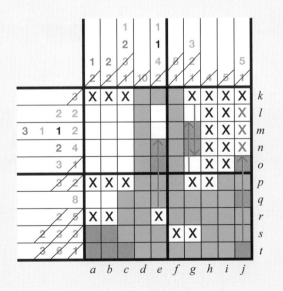
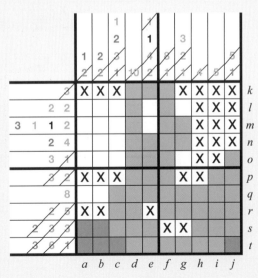

6 *l*행은 이미 색칠된 두 칸 사이에 빈칸을 색칠하게 되면

세 칸이 연속으로 색칠되기 때문에 해당 칸은 색칠될 수 없습니다.

이미 색칠된 칸들의 좌우 방향으로 한 칸씩 더 색칠하여 완성합니다.

각 2에 / 표시를 하고 빈칸에는 X 표시를 합니다.

*m*행은 앞에 **2** 번 *l*행과 동일한 방법으로 남은 칸들을 완성시킬 수 있습니다.

다른 열의 완성으로 인해 *o*행과 *q*행 또한 완성됐습니다.

각 행의 숫자에 / 표시를 하고 빈칸에는 X 표시를 합니다.

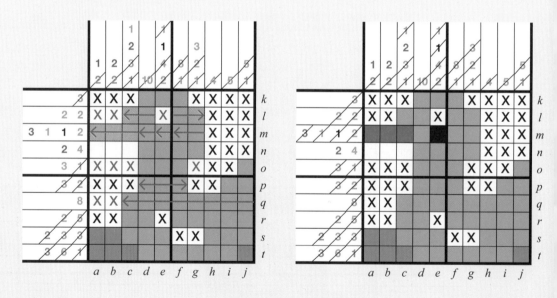

7 *a*열은 이제 완성이 되었으므로 1에 / 표시를 하고 남은 빈칸에 X 표시를 합니다.

b, *c*열의 2는 이미 색칠된 곳 아래에 한 칸씩 더 색칠하여 완성합니다.

이로 인해 *n*행 역시 완성됐습니다.

각 열과 행의 숫자에 / 표시를 합니다.

이제 모든 숫자와 빈칸에 /와 X 표시가 되었습니다.

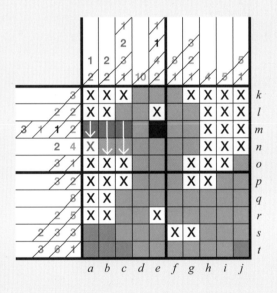
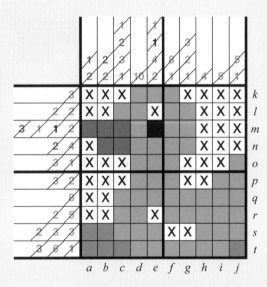

8 그림이 완성됐습니다.

물 위에 청둥오리가 떠 있네요!

		a	b	c	d	e	f	g	h	i	j	
		1 2	2 2	1 2 3 1	10	1 1 4 2	8 1	3 2 1	4	5	5 1	
	3											k
	2 2											l
3 1 1	2											m
	2 4											n
	3 1											o
	3 2											p
	8											q
	2 5											r
2 3	3											s
3 6	1											t

LOGIC ART

초급

옆모습

★☆☆

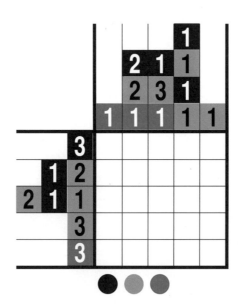

#2
딸기

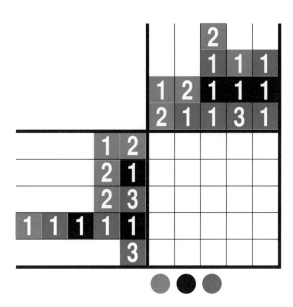

고양이

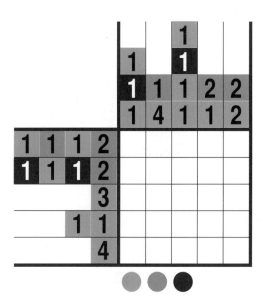

#4
앵두

★☆☆

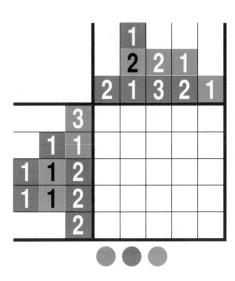

#5

동백꽃

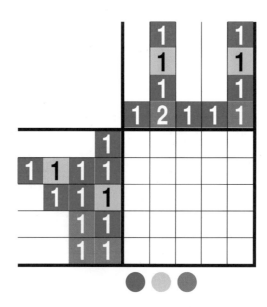

#6
수박

오리

#8

버섯

★☆☆

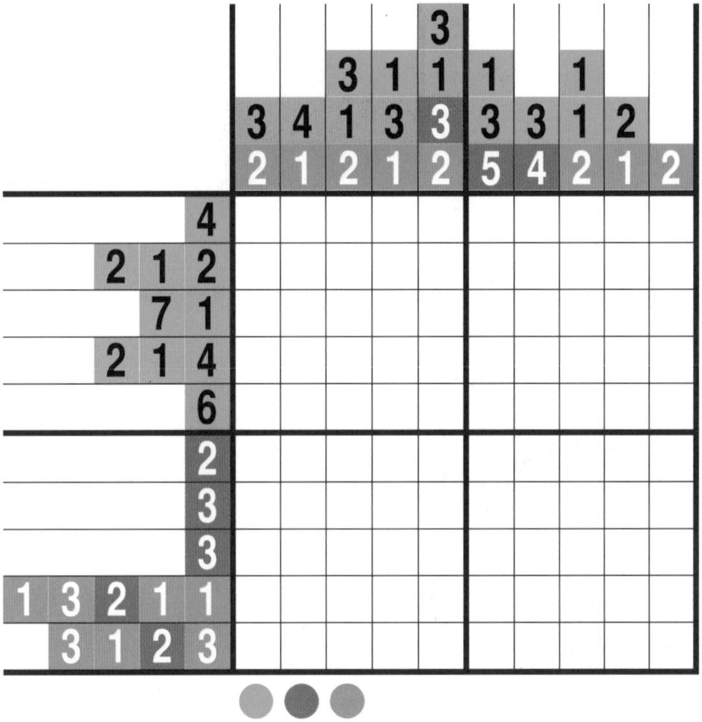
3 2
4 1
3 1 2
1 3 1
3 1 3 2
1 3 5
3 4
1 1 2
2 1
2
4
2 1 2
7 1
2 1 4
6
2
3
3
1 3 2 1 1
3 1 2 3

코끼리

기린

★☆☆

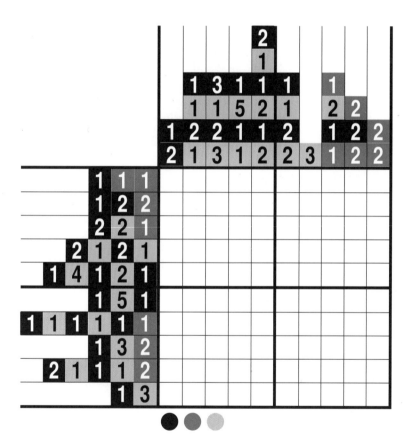

#11
가오리연
★☆☆

#12
기차

Column clues (top):

			3						2			
1			2	1	2
	3	1	3	1			1	1	1	1
1	1	2	2	1	2	2	1	5
2	1	1	3	1	6	2	1	4	2

Row clues (left):

				3
			2	5
			2	5
		2	1	1
		1	4	1
		2	1	5
2	1	3	2	1
	1	2	2	4
	1	2	1	2
			2	2

27

인어

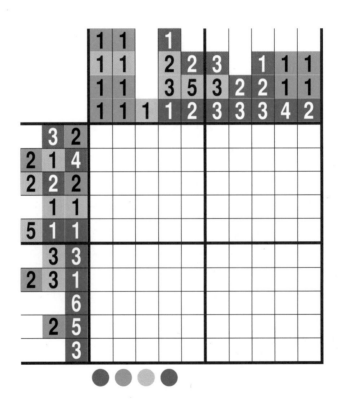

#14

말

★☆☆

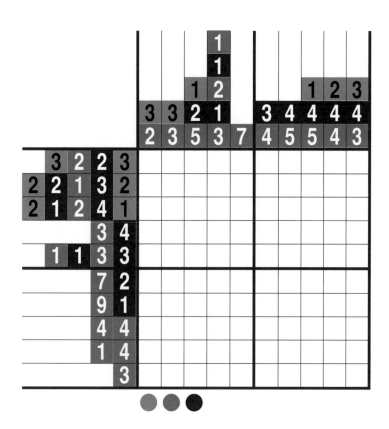

악어

(nonogram puzzle grid)

#16
낚시

⭐☆☆

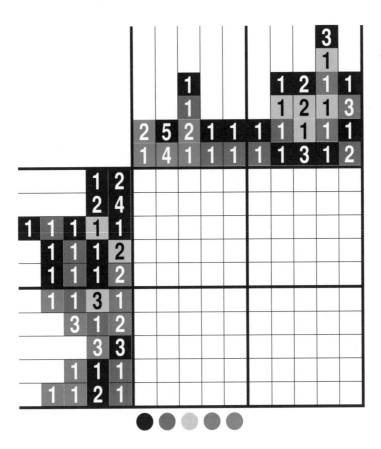

#17
무당벌레

헬리콥터

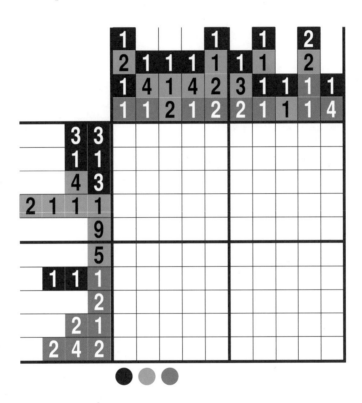

낙타

★☆☆

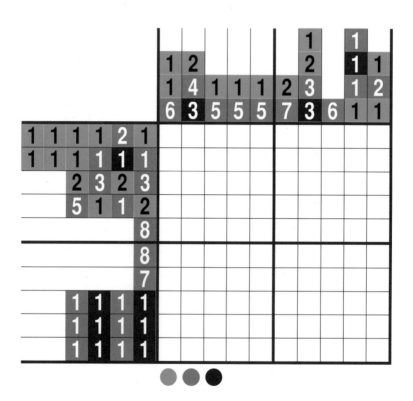

34

사과

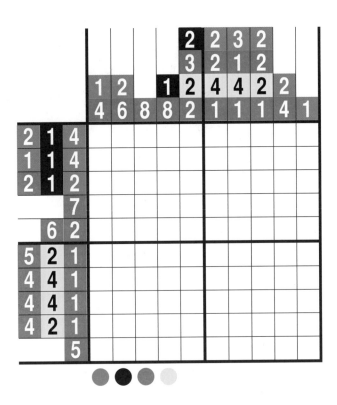

모자 쓴 아이

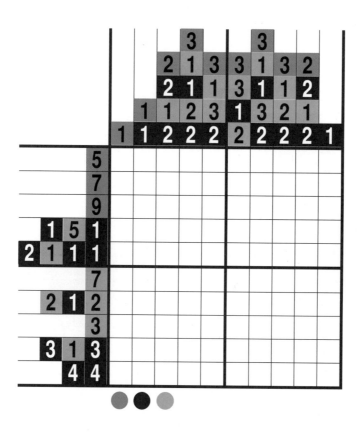

#22
농구

★☆☆

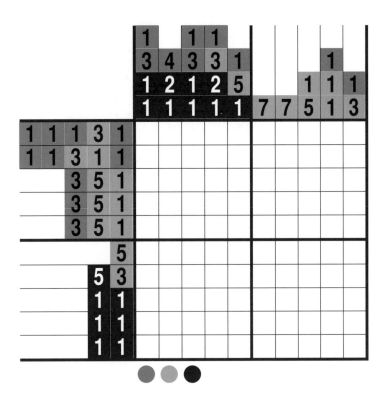

서핑

★☆☆

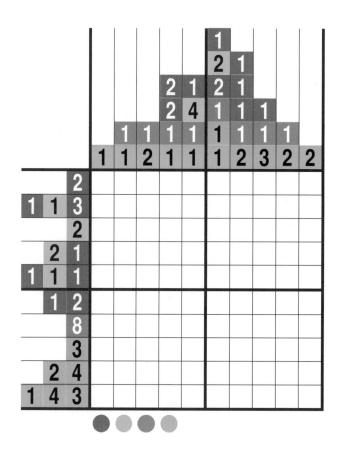

#24
오렌지

			2	1	2	2			2	1		
		3	3	2	5	4	1	1	1	3	1	2
		4	2	5	1	3	8	6	4	4	4	4
	3 3 3											
	2 2 3 1											
1 1 1 2 1 3												
	6 3											
	2 5 2											
	8 1											
	1 2 3											
	8											
	2 3											
	4											

39

킥보드

★☆☆

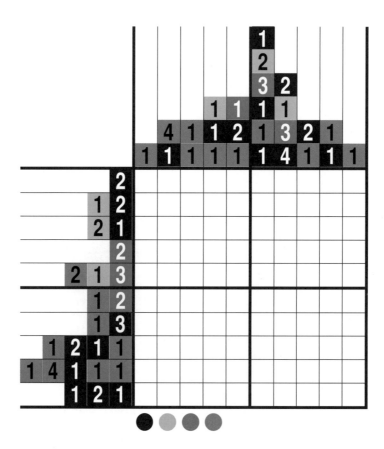

#26
선물

★★☆

Nonogram puzzle #26 "선물"

Column clues (top to bottom per column):

					3	3				3				
		3	4				3	2	2	3				
3	3	2	1	3		5		1	1	2	1			
2	2	4	3	1		1	3	3	3	1	1	2		
1	3	1	3	1	7	1	4	1	1	1	2	4		
1	1	2	2	4	1	1	1	1	1	1	2	1	1	
4	5	5	2	1	5	4	3	5	5	3	2	5	5	4

Row clues (left side):

- 3 3
- 5 5
- 6 6
- 1 2 6 3
- 4 3 3
- 6 2 1 1 1 3
- 5 3 1 2 1 2
- 1 3 3 1 2 4
- 2 1 3 3 2 3
- 3 2 8
- 3 1 1 7
- 6 2 3
- 2 7 2
- 3 9
- 13

#27

달타냥

★☆☆

#28
오토바이
★☆☆

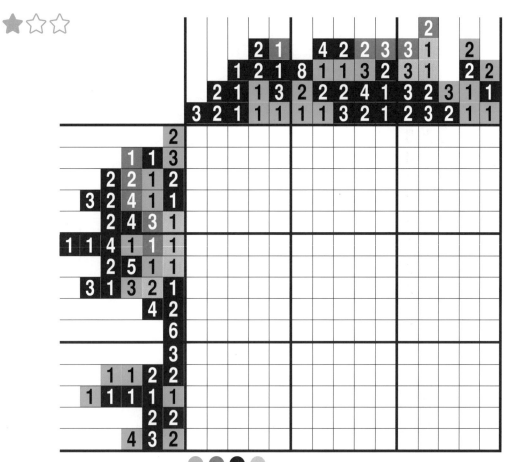

열대어

★☆☆

Column clues (top):

		3			2							3							
		1		4	1	3	1	1	1			3							
1	2	1	3	2	1	1	3	1	3	2	1	4	4						
2	3	1	3	1	6	4	2	2	2	3	1	1	1	4					
1	1	1	1	1	1	2	1	3	3	2	2	3	1	1					

Row clues (left):

2	3	3
6	4
5	4
2	1	1	7
3	2
2	1
2	2	3
3	1	3
7
6	2
2	1	3
1	4	1
3	2
3	8
2	1	3

#30
맛있는 수박

★☆☆

#31
하이 파이브

★☆☆

사과 따기

★☆☆

#33
여우

★☆☆

#34
눈사람

★☆☆

#35

마을버스

★☆☆

#36
승마

화가

★★☆

#38
닭
★☆☆

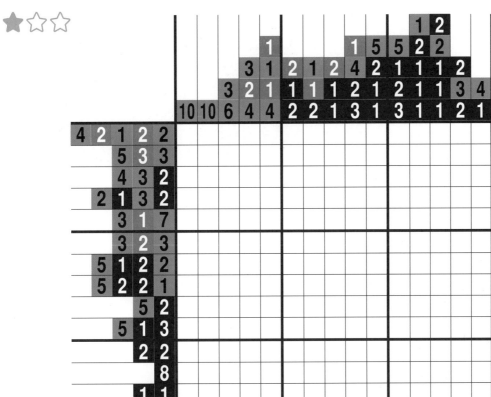

#39

카누

★★☆

#40
집

★★☆

#41

어항

★★☆

꽃을 든 소녀

★★☆

달리아

★★☆

핑크로빈

★★☆

나비와 고양이
★★☆

LOGIC ART

중급

#46

축구

★★☆

#47

물 마시는 고양이

★★☆

토스트

★★☆

#49

벌새

★★☆

#50
불독
★★☆

#51
사막의 카우보이

★★☆

#52

과수원

★★☆

Row clues (left):
- 6 3
- 8 5
- 4 5
- 1 2 1 5
- 3 4 1 3 3 2
- 3 2 2 2 9
- 3 2 4 2 6
- 2 10
- 3 8 1 1 1
- 1 1 1 1 5 8
- 1 1 1 2 2 1 1 1
- 1 4 2 2 8
- 3 4 2 2 1 1 1 1 1 2
- 7 2 4 4
- 1 1 3 2 1 1 1 1 1
- 1 3 4 4 1
- 1 1 3 1 3 1 3 1
- 3 1 2 1 1 1
- 1 4 3 4
- 1 3 7 3 1 1 1

#53
꽃이 핀 나무

★★☆

#54
덤프 트럭

★★☆

#55
트랙터와 트럭

★★☆

#56

수영

★★☆

#57
오리

★☆☆

#58
기타
★★★

#59
오렌지 나무
★★☆

75

#60
양갈래 머리 소녀
★★☆

#61
야옹이
★★★

#62
조랑말
★★☆

Column clues (top):

		1	2																							
		1	1																							
	1	3	1	1				3			2							5	3						
	1	1	1	4		1	2	6	3	3	4		5	6				1	3	4					
	2	1	2	1		5	8	1	6	3	1	3	4	3	6			3	1	1					
1	1	1	1	2	2	2	2	2	2	1	1	1	2	7		6	3	1	2	4					
2	2	1	1	1	3	2	2	1	1	1	6	1	2	1	8	2	2	1	3						
2	1	1	1	1	2	1	2	1	1	1	1	2	2	2	2	1	2	1	1						

Row clues (left):

Row	Clues
1	1 1 5
2	1 7
3	7
4	7
5	4 5
6	3 3 3
7	1 4 3
8	1 1 4 3
9	1 8 3
10	1 2 2 4 5 2 2
11	2 1 3 5 3 2
12	1 3 5 3 3
13	5 3 4 2
14	3 1 3 1 4 1 2
15	3 1 1 3 1 2 2 2 1
16	1 1 1 1 1 1 2 1 1 1
17	1 1 1 1 1 1 2 1 1 1
18	2 1 1 1 1 1 1 1
19	1 1 2 2 1 1 1 2 2 1 2
20	3 1 1 1 1 3 2 3

● ● ●

#63

요트

★★☆

Column clues (left to right):

1. 2 3 1 1 3
2. 4 6 1 2 3
3. 4 1 1 1 1 2 2
4. 2 6 1 1 1 2
5. 1 3 1 2 1
6. 9 1 1 2
7. 2 3 1 4 1 1 1 1 1
8. 1 6 1 1 1 1 1
9. 5 1 1 2 2 1
10. 1 6 5 3
11. 2 10 7 1 1
12. 1 2 11 3
13. 3 9 1 1
14. 4 4 1 3 6 3
15. 3 1 1 1
16. 1 1 4 1 3
17. 2 3 5 3 1 1
18. 3 1 9 1 2 1
19. 1 5 8 1 2
20. 3 5 1 1 1

Row clues (top to bottom):

1. 2 2 1 1 1 2
2. 4 1 7 1
3. 4 1 1 1 1 1
4. 2 3 2 2 1 3
5. 5 2 3 5
6. 1 1 1 1 3 1 1
7. 1 1 3 2 1 3 2
8. 3 1 4 2 4 2
9. 1 1 6 2 4 1
10. 7 3 3 3 1
11. 2 4 2 4 4
12. 7 2 5 3
13. 9 6 3
14. 4 6 3
15. 2 4 5 4
16. 1 1 5 3
17. 6 5 3 3
18. 3 1 14
19. 1 1 1 3 1 1 1 2 1
20. 2 2 8 1

#64

펭귄

★★☆

(Nonogram / Picross puzzle)

Row clues (left):
- 1 3
- 1 1 2 1 2
- 1 4 3 1
- 3 3 1
- 5 2
- 5 2 1
- 5 2 1 1
- 2 1 1 2 1
- 5 2 1
- 5 1 3
- 6 1 1 1 1 1
- 7 1 4
- 1 1 6 1 4
- 1 2 2 1 3 1 5
- 1 3 5 1 5 1
- 1 3 1 5 2
- 1 3 1 5 2
- 1 3 2 2 2 2
- 1 1 2 2 2 4 3
- 2 1 3 3 8

Column clues (top): numbers arranged above each column including values such as 1, 6, 2, 3, 3, 4, 1 / 1 6 3 3 1 4 5 1 1 1 / 5 8 6 12 1 4 2 2 2 2 1 8 6 8 7 1 / 9 1 5 5 1 1 1 3 1 2 9 1 1 2 2 1 5 1 / 1 1 1 1 2 2 1 1 2 2 1 1 1 1 1 1 1 2 5 6

● ● ● ●

#65
손 위의 다람쥐
★★☆

딸바쥬스

★★☆

#67
포도

★★★

고슴도치

★★☆

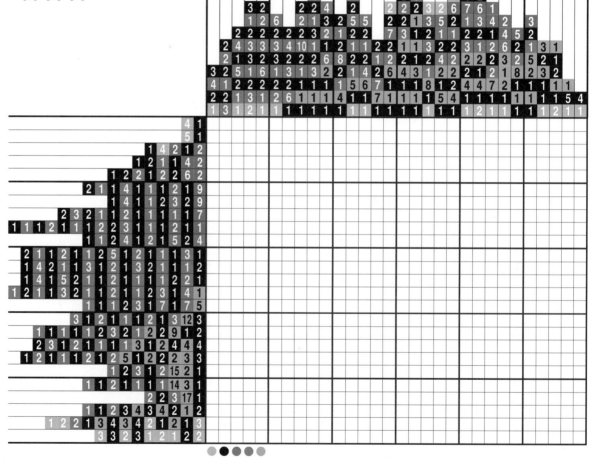

#69
로빈

★★☆

휴식

★★☆

#71
숲속의 성
★★☆

#72

벽난로

★★★

#73

가젤

★★★

앵무새

★★☆

#75
개와 고양이
★★☆

#76
낙엽 쓸기

★★☆

#77

튤립과 풍차

★★☆

피아노 수업

★★★

#79

분재

★★☆

#80

로빈후드

★★☆

권투 선수

★★☆

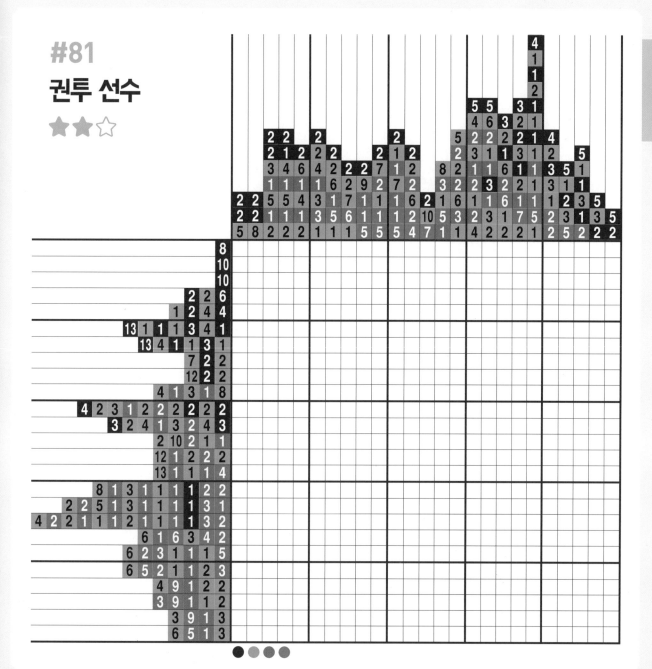

#82
전투기
★★☆

#83

꿀벌

★★☆

타조

★★★

#85
파라오

★★★

Row clues (top to bottom):
- 2 3 1 2 10
- 1 3 1 1 2 3
- 1 6 1 6 1
- 11 3
- 8 2 2
- 7 2 2 4 2
- 7 3 1 1 3 2
- 2 5 7 1 1 3
- 2 1 2 3 1 1 2 2 1 2
- 12 1 2 1 2 2 1
- 13 1 1 1 2 4
- 13 1 1 1 2 3
- 11 1 2 2 2 2
- 2 8 2 3 1 2 1
- 10 1 4 1 3
- 8 2 4 1 3
- 6 3 5 4 1
- 7 7 1 2
- 2 11 1 1 4
- 2 8 1 3
- 3 8 1 5
- 3 2 5 6 2
- 2 2 1 1 1 2
- 3 3 2 8 1 6
- 2 9 1 1

#86
물총새

Column clues (top):

3
1 3
1 2
4
4
4 4
2 3 3 1 1 4 3 1 6 6 6
2 2 2 1 4 2 2 3 2 2 2 9 8 6
1 3 1 11 11 8 7 6 7 8 9 9 9 9 8 9
2 2 3 3 4 8 10 2 1 9 2 1 1 1 1 1 1 1 8 7
1 1 1 2 2 1 2 2 3 4 4 4 3 4 3 1 9 6 5 4 3 2 1 1 1 1 17 16 14 8 3

Row clues (left):

7	
10	
12	
2 3 1 7	
7 2 2 3 5	
10 6 5	
2 3 1 3	
1 4 4	
15	
3 13	
5 2 4 6	
5 1 6 6	
5 1 7 5	
5 1 8 4	
5 1 7 5	
5 1 8 4	
6 1 7 4	
6 1 7 3	
7 1 6 3	
7 1 5 3	
7 1 4 4	
7 1 3 4	
10 1 2 4	
1 3 7 1 1 4	
5 1 6	
5 2 5	
5 4	
4 2	
5	
5	

#87

농부

★★☆

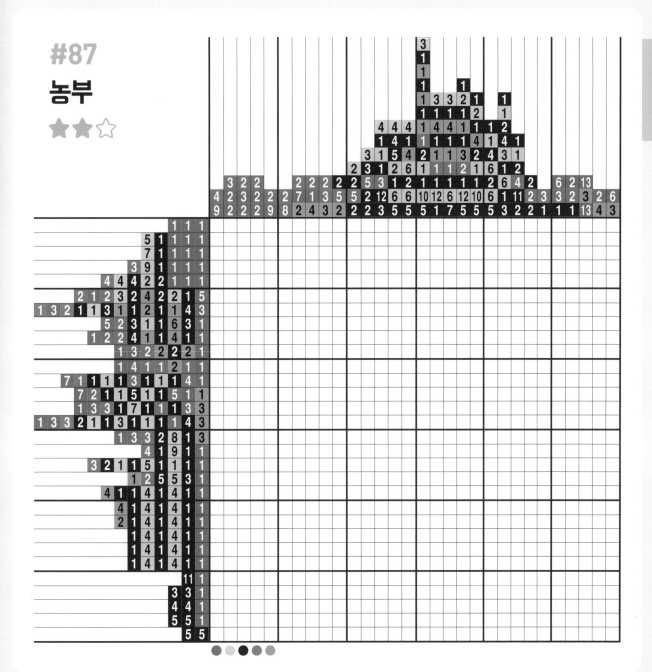

103

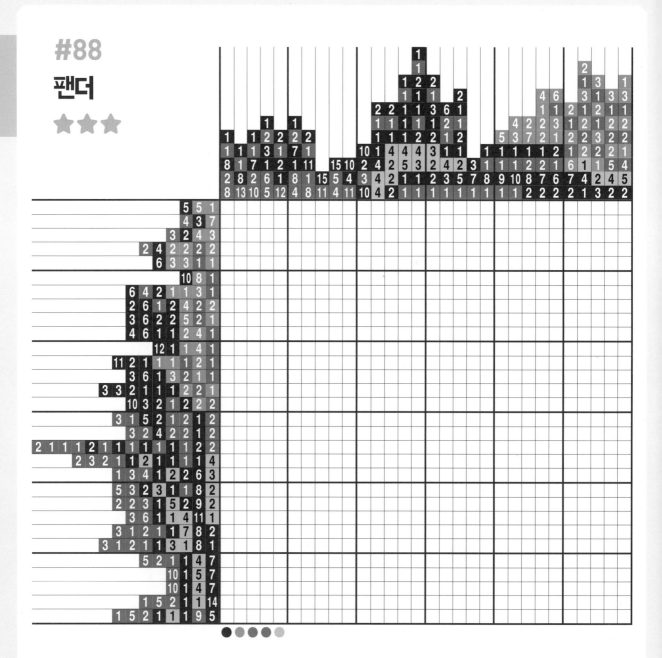

#89

코끼리와 쥐

★★★

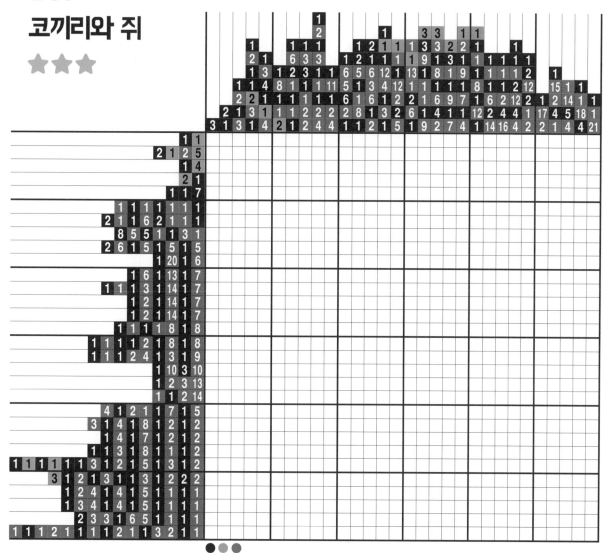

#91
스케이트 보드
★★☆

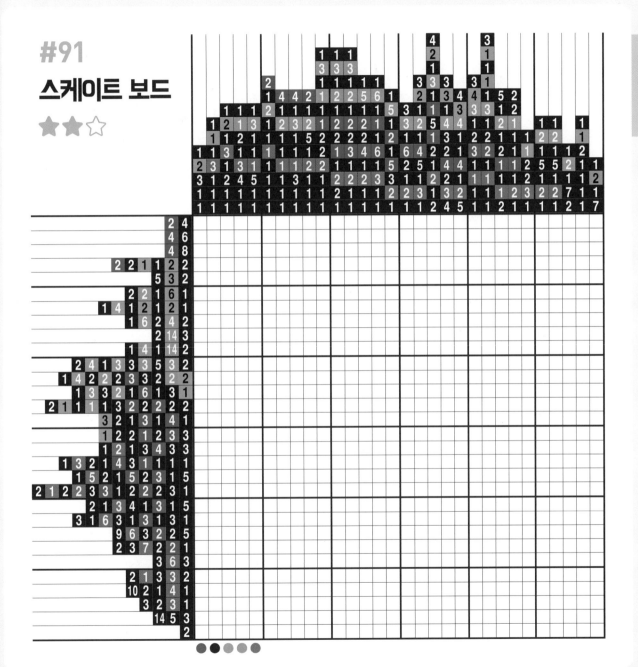

고양이와 신발

★★★

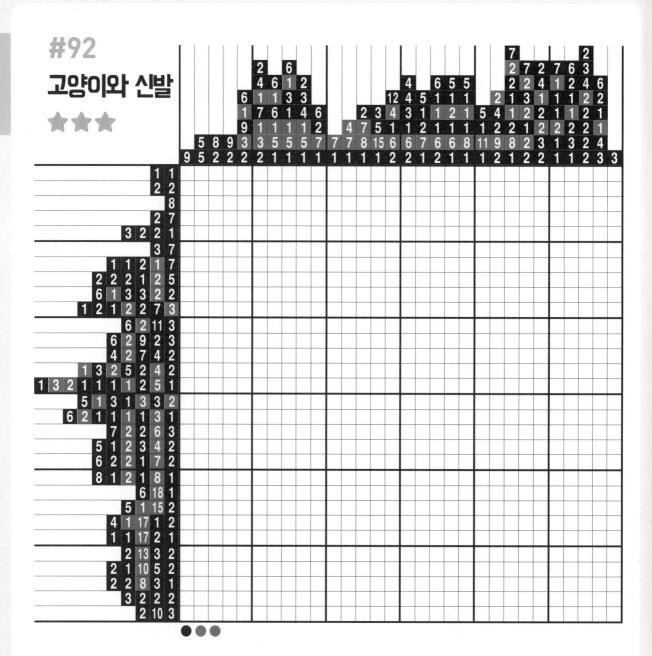

#93

친구들

★★★

#94

물장구

★★★

#95

다이빙

★★★

일광욕

★★★

#97

풍향계

★★☆

#98

산책

★★★

스케이트

★★★

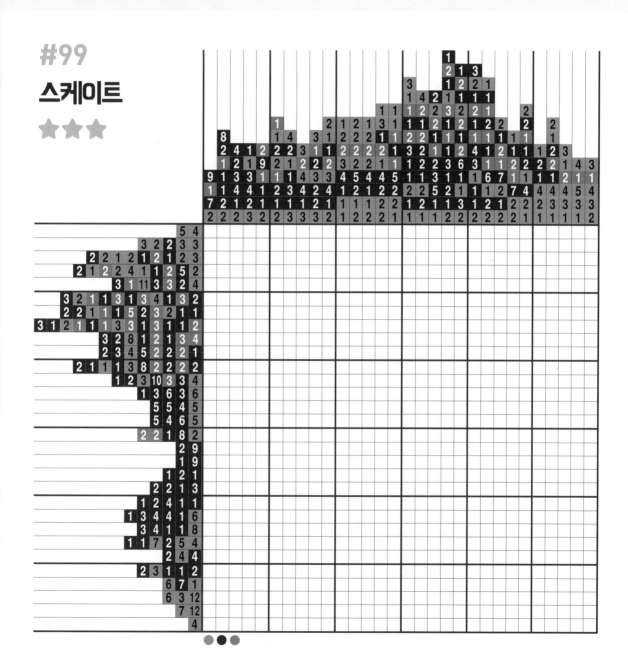

#100
산타클로스

★★☆

★★☆

LOGIC ART
초급

해답

초급

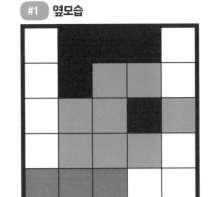

#1 옆모습

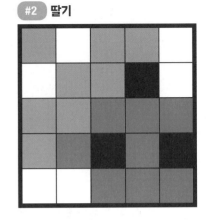

#2 딸기

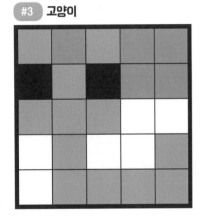

#3 고양이

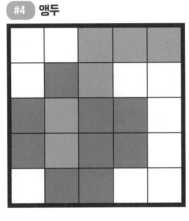

#4 앵두

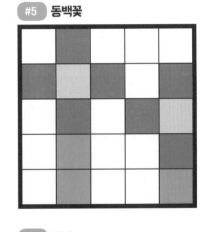

#5 동백꽃

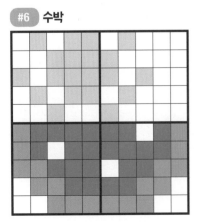

#6 수박

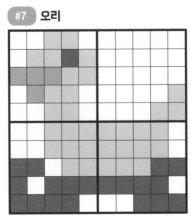

#7 오리

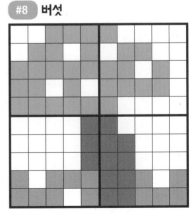

#8 버섯

118

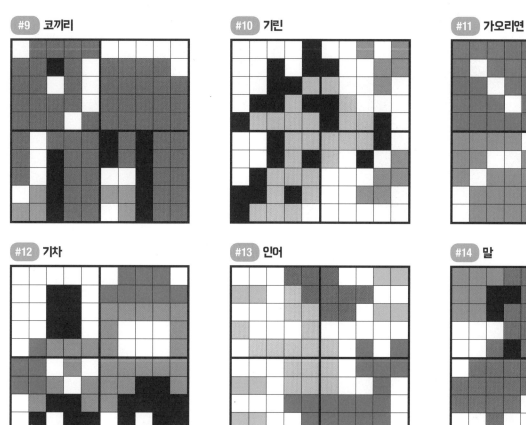

#9 코끼리

#10 기린

#11 가오리연

#12 기차

#13 인어

#14 말

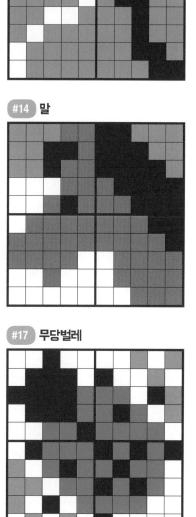

#15 악어

#16 낚시

#17 무당벌레

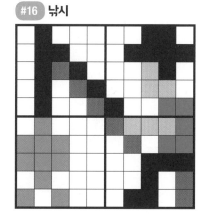

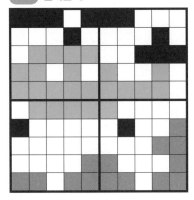

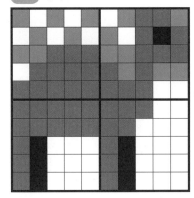

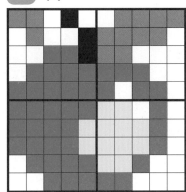

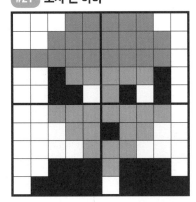

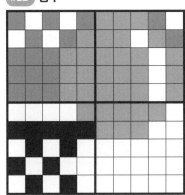

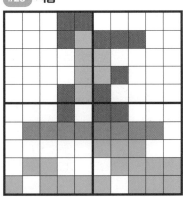

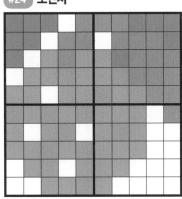

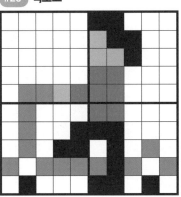

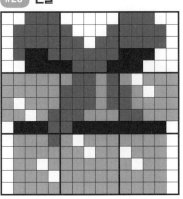

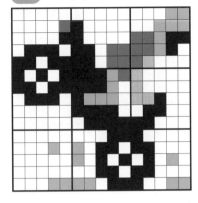

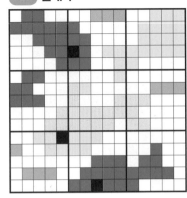

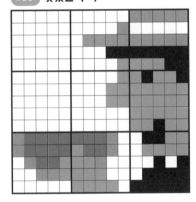

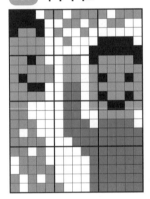

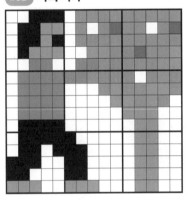

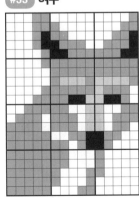

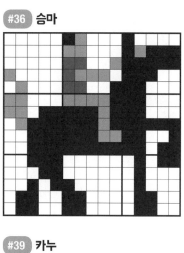

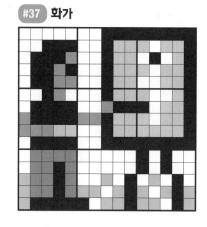

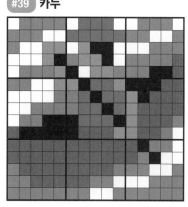

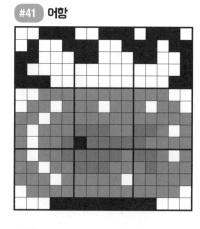

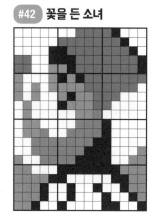

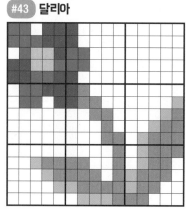

#45 나비와 고양이

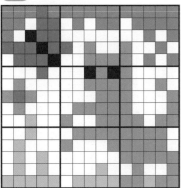

중급

#46 축구

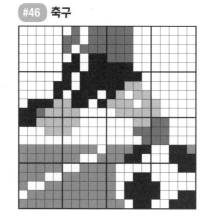

#47 물 마시는 고양이

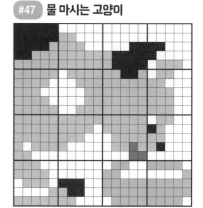

#48 토스트

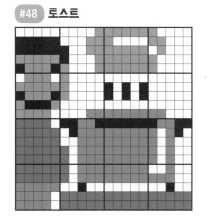

#49 벌새

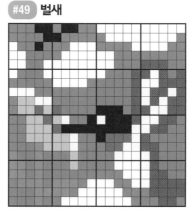

#50 불독

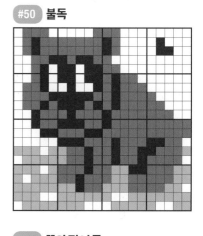

#51 사막의 카우보이

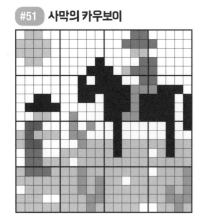

#52 과수원

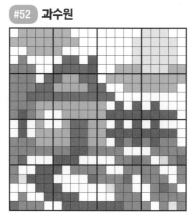

#53 꽃이 핀 나무

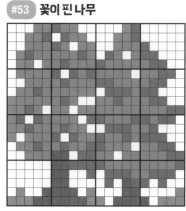

124

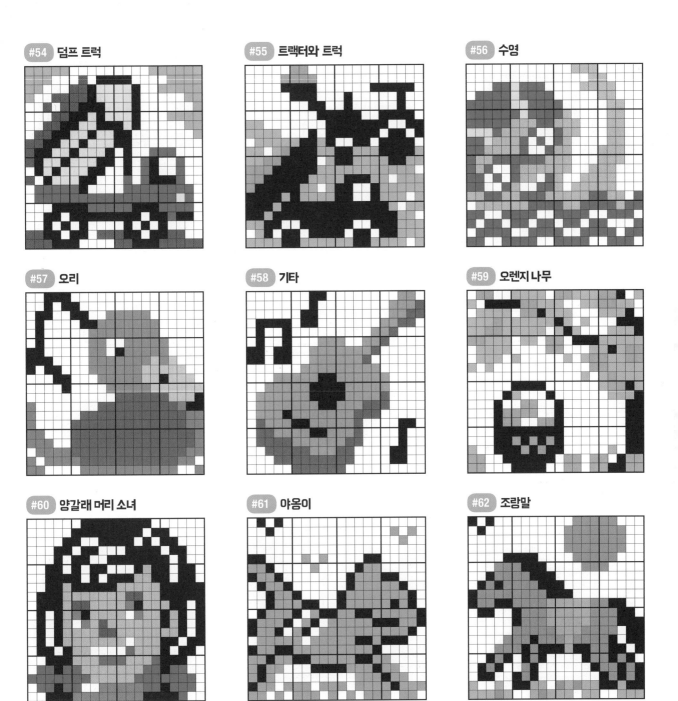

#54 덤프 트럭

#55 트랙터와 트럭

#56 수영

#57 오리

#58 기타

#59 오렌지 나무

#60 양갈래 머리 소녀

#61 야옹이

#62 조랑말

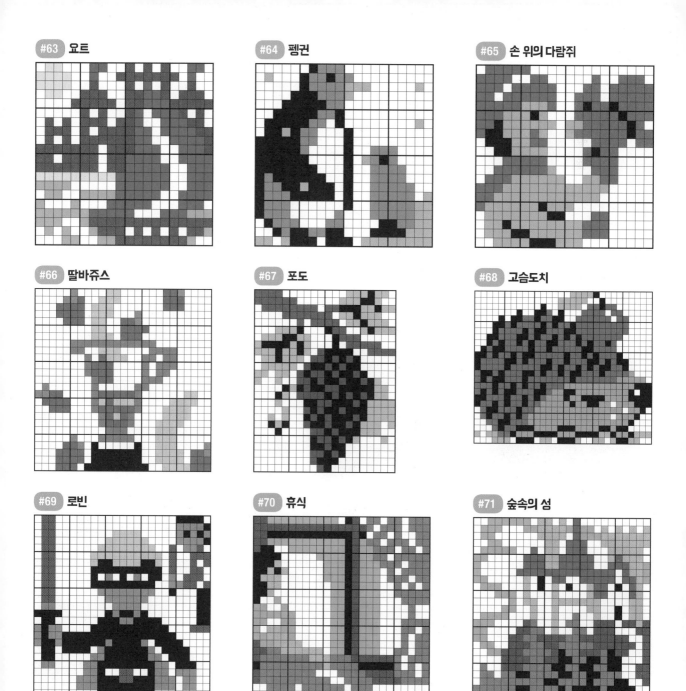

#63 요트

#64 펭귄

#65 손 위의 다람쥐

#66 딸바쥬스

#67 포도

#68 고슴도치

#69 로빈

#70 휴식

#71 숲속의 섬

126

#72 벽난로

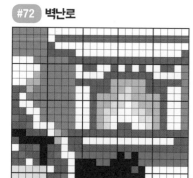

#73 가젤

#74 앵무새

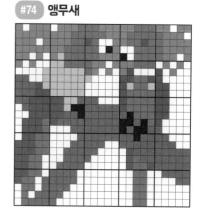

#75 개와 고양이

#76 낙엽 쓸기

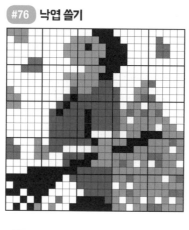

#77 튤립과 풍차

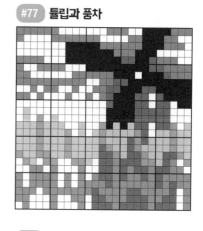

#78 피아노 수업

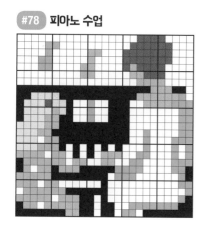

#79 분재

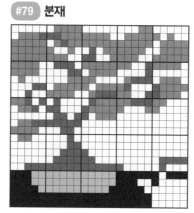

#80 로빈후드

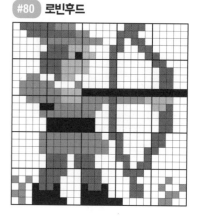

#81 권투 선수

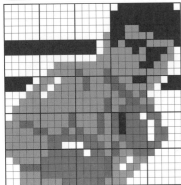

#82 전투기

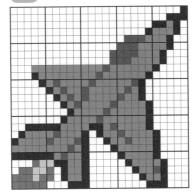

#83 꿀벌

#84 타조

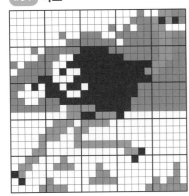

#85 파라오

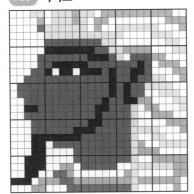

#86 물총새

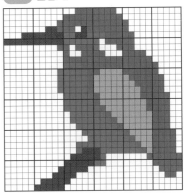

#87 농부

#88 팬더

#89 코끼리와 쥐

#90 빨간 지붕 마을

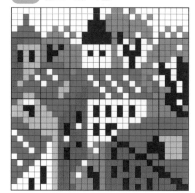

#91 스케이트 보드

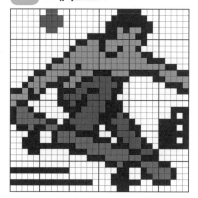

#92 고양이와 신발

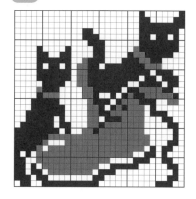

#93 친구들

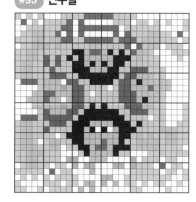

#94 물장구

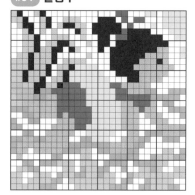

#95 다이빙

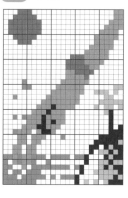

#96 일광욕

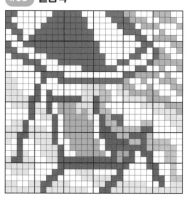

#97 풍향계

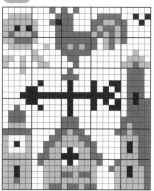

#98 산책

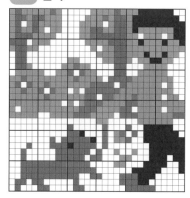

#99 스케이트

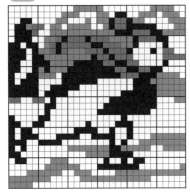

#100 산타클로스

컬러 로직아트 초급

저자 | 컨셉티즈 퍼즐
발행처 | 시간과공간사
발행인 | 최훈일

신고번호 | 제2015-000085호
신고년월일 | 2009년 11월 27일

초판 1쇄 발행 | 2018년 11월 10일
초판 4쇄 발행 | 2021년 08월 25일

우편번호 | 10594
주소 | 경기도 고양시 덕양구 통일로 140(동산동 376)
　　　　삼송테크노밸리 A동 351호
전화번호 | (02) 325-8144(代)
팩스번호 | (02) 325-8143
이메일 | pyongdan@daum.net

값 · 9,800원

ISBN | 978-89-7142-257-1 (14410)
　　　　978-89-7142-256-4(컬러 세트)